Bibliografische Information der Deutschen Nationalbibliothek:

Die Deutsche Bibliothek verzeichnet diese Publikation in der Deutschen Nationalbibliografie; detaillierte bibliografische Daten sind im Internet über http://dnb.d-nb.de/ abrufbar.

Impressum:

Druck und Bindung: Books on Demand GmbH, Norderstedt Germany
ISBN: 9783346198945

Dieses Buch bei GRIN:

https://www.grin.com/document/899617

Franz Peter Zantis

Rettet die Glühlampen! Maßnahmen zur Verlängerung der Nutzungsdauer von noch vorhandenen Glühlampen

GRIN Verlag

Franz Peter Zantis

Stand: 6. Juni 2020

Rettet die Glühlampen!

1. Einleitung

Die Sonne bietet uns hier auf der Erde ein breites, kontinuierliches elektromagnetisches Spektrum. Ein Teil davon ist als Licht sichtbar.

Je breiter das Spektrum des Lichtes ist, das heißt je mehr Spektralanteile im Licht vorhanden sind und je gleichmäßiger deren Intensität ist, desto besser ist die Qualität und damit die Farbwiedergabe der Lichtquelle. Ist eine Wellenlänge nicht oder nur schwach im Spektrum vorhanden, erscheint ein Körper mit der Farbe dieser Wellenlänge in grau.

Das Licht der seit vielen Jahren schon verbotenen Glühlampen ist nach wie vor unerreicht, denn diese Leuchtmittel bieten ein gleichmäßiges Lichtspektrum. Gegenüber dem von der Sonne tagsüber gelieferten Tageslicht sind die langwelligen Anteile – also die Rotanteile – höher. Das Licht ist deshalb „warm“ - vergleichbar wie das Licht bei Sonnenaufgang oder Sonnenuntergang oder wie das von offenem Feuer.

Weder Energiesparlampen noch Leuchtstofflampen oder LEDs bieten ein derart breites, kontinuierliches Spektrum. Tatsächlich gibt es im schlechtesten Fall einzelne Spektrallinien und im besten Fall ein schmalbandiges kontinuierliches Spektrum mit einzelnen ausgeprägten Spektrallinien.

1.1 Das weiße Licht

Weißes oder warmweißes Licht ergibt sich durch das Mischen verschiedener Farbanteile. Mehr Rotanteil macht das weiße Licht „warm“. Mehr Blauanteile macht das weiße Licht „kalt“.

Da Energiesparlampen, Leuchtstofflampen und vor allem LEDs nur eine Lichtfarbe emittieren können benutzt man chemische und/oder physikalische Tricks um weitere Lichtfarben zu erzeugen. Bei geschickter Zusammenstellung einzelner Spektrallinien ergibt sich dann weißes Licht. Allerdings mit niedriger Qualität - und somit auch mit bescheidener Farbwiedergabe, denn große Teile der im Sonnenlicht vorhandenen Spektralanteile fehlen.

1.2 Licht und Energie

Ein breites Lichtspektrum bedeutet, dass die Lichtenergie auf viele Spektren verteilt ist. Die Augen der Menschen und Tiere sind auf dieses breite, kontinuierliche Spektrum angepasst. Sie enthalten Rezeptoren die auf einzelne Spektralanteile reagieren und auf die zu erwartenden Energien der einzelnen Spektren innerhalb eines breiten, kontinuierlichen Spektrums ausgelegt sind.

Will man die gleiche Helligkeit eines kontinuierlichen Spektrums mit einzelnen Spektrallinien erreichen, dann müssen diese hohe Amplituden aufweisen. Genau dies macht das Licht von LEDs und Energiesparlampen unangenehm und sogar gefährlich. Einige Rezeptoren im Auge werden stark beansprucht, andere dagegen gar nicht. Im schlimmsten Fall werden einzelne Rezeptoren im Auge überlastet – auch wenn das Licht gar nicht so hell erscheint. Auf zahlreichen LED-Lampen findet man deshalb entsprechende Warnhinweise.

1.3 Licht und Biologie

Der Fotograph John Nash Ott nahm in den 30er Jahren das Wachstum von Pflanzen und die Entwicklung von Fischlaich in Zeitlupe auf. Dabei fiel ihm auf, dass die Qualität bzw. die spektrale Zusammensetzung des verwendeten Lichtes enormen Einfluss auf die biologischen Vorgänge bei den beobachteten Pflanzen und Fischen haben.

Die künstliche Beleuchtung von Pflanzen macht deshalb nur Sinn, wenn sonnenähnliches Licht verwendet wird. Lediglich wenn bekannt ist, welche Spektrallinien des Lichts eine bestimmte Pflanze für ihr Wachstum benötigt, kann man erfolgreich passende LED-Lampen aussuchen und einsetzen.

1.4 Rettungsmaßnahmen

Glühlampen sind in der europäischen Union seit vielen Jahren verboten. Lediglich Lagerbestände dürfen noch verkauft werden. Eine Ersatzbeschaffung ist irgendwann nicht mehr möglich und auch heute bereits äußerst schwierig. Leider ist die Nutzungsdauer der Glühlampen verglichen mit LED- oder Energiesparlampen eher gering.

Es gibt aber einige Möglichkeiten die Nutzungsdauer von Glühlampen und Halogenlampen zu verlängern. Mit diesen Maßnahmen lassen sich zumindest die noch vorhandenen Bestände im eigenen Haushalt länger nutzen.

Es folgen einige Vorschläge für Maßnahmen, die die Lebensdauer noch eventuell vorhandener Glühlampen und Halogenlampen verlängern.

2. Abmildern des Einschaltstroms

Ein Problem bei Glühlampen und Halogenlampen ist der Einschaltstrom. Der Widerstand der Glühwendel zeigt ein Verhalten wie bei Kaltleitern. Deshalb ist der Einschaltstrom etwa 10-fach höher als der nachfolgende Betriebsstrom. Dieser hohe Einschaltstrom stellt eine hohe Stresssituation für die Lampenwendel dar. Er beschleunigt den Alterungsprozess und oftmals wird die Wendel genau während des Einschaltvorgangs zerstört. Für den Elektroniker gibt es aber Abhilfe. Es gibt spezielle Thermistoren (Heißleiter, NTC-Widerstände), die zum Abmildern von z.B. Einschaltimpulsen bei Schaltnetzteilen oder größeren Ringkerntransformatoren weit verbreitet sind. Es gibt sie z.B. von EPCOS bzw. TDK unter der Bezeichnung ICL bzw. "NTC thermistors for **i**nrush **c**urrent **l**imiting" (Bild 1). Diese Widerstände werden mit Eigenerwärmung betrieben und in Reihe zum Verbraucher geschaltet (Bild 2). Es dürfen auch mehrere dieser Widerstände in Reihe geschaltet werden – jedoch niemals parallel!

Hier nun sollen die ICLs zur Einschaltstrombegrenzung bei Glühlampen eingesetzt werden.

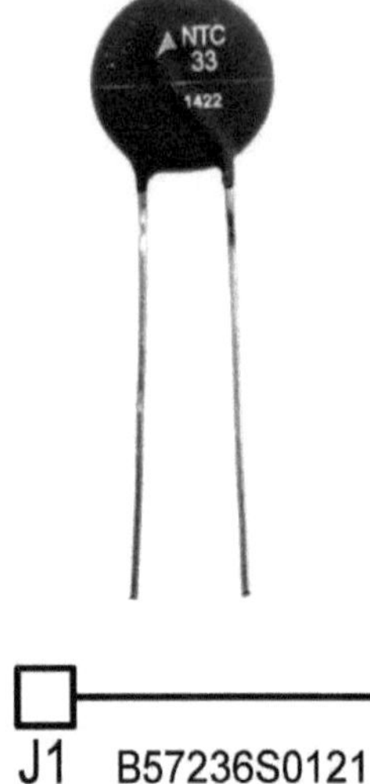

Bild 1: Thermistor zur Einschaltstrombegrenzung (ICL-NTC). Hier mit einem Kaltwiderstand von 33 Ω bei 25°C.

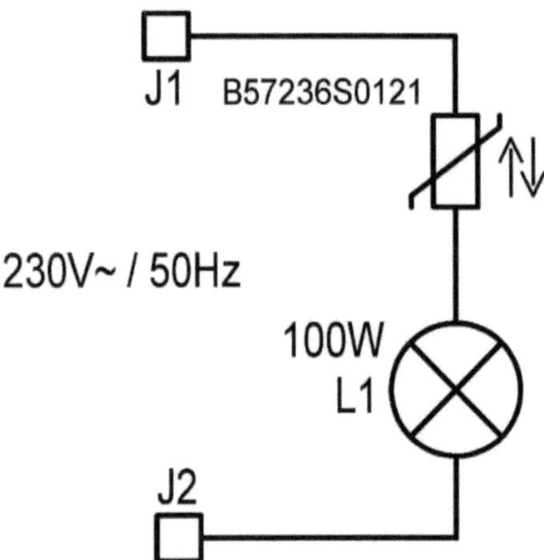

Bild 2: Thermistor zur Einschaltstrombegrenzung (ICL-NTC) in Reihenschaltung mit einer Glühlampe.

Beim Anlegen einer Spannung ist der Widerstand des Thermistors zunächst vergleichsweise hoch. Durch den Strom, der nach dem Einschalten durch den Thermistor hindurch fließt, erwärmt sich dieser. Dadurch sinkt aber der Widerstand des Thermistors. Es stellt sich ein stationärer Zustand ein bei dem die zugeführte elektrische Leistung gleich der an die Umgebung abgegebenen Wärmeleistung ist. Bei optimaler Dimensionierung begrenzt der Thermistor somit den Einschaltstrom (Bild 3). Ist der Thermistor dann auf Betriebstemperatur aufgeheizt, ist sein Einfluss im Stromkreis im besten Fall vernachlässigbar. Der Thermistor bleibt natürlich während des Betriebs erwärmt.

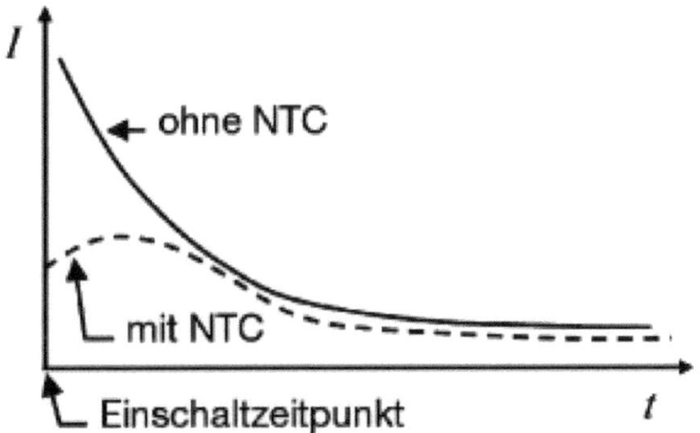

Bild 3: Einschaltvorgang einer Glühlampe mit und ohne Thermistor (NTC) zur Strombegrenzung.

Bei der Auswahl des Thermistors ist darauf zu achten, dass einerseits der Einschaltstrompuls verkraftet wird und sich andererseits beim anschließenden Betriebsstrom ein thermisches Gleichgewicht tatsächlich einstellen kann. Das bedeutet, dass sich der Thermistor auf eine Temperatur aufheizt bei der er einen für den angeschlossenen Verbraucher vernachlässigbaren Widerstandswert hat und dieser Zustand während des Betriebs erhalten bleibt. Für das thermische Gleichgewicht sind zwei Parameter verantwortlich.

Ein Parameter ist die Wärmekapazität H des Bauteils, das heißt die Energie, die die Temperatur am Bauteil um 1 Kelvin ansteigen lässt. Die Einheit der Wärmekapazität ist Joule pro Kelvin (J/K).

Der zweite Parameter ist der Wärmeleitwert G_{th}. Das aufgeheizte Bauteil gibt Wärmeenergie an die Umgebung ab. Der Wärmeleitwert (dissipation factor) ist definiert als das Verhältnis der an die Umgebung abgegebenen Wärmeleistung in Bezug auf die Temperatur des Bauelementes. Die Einheit des Wärmeleitwertes G_{th} ist W/K. Der Wärmeleitwert ist abhängig von der Umgebung. In den Datenblättern ist er in der Regel für den Betrieb in ruhender Luft angegeben. Manchmal wird auch der

Kehrwert des Wärmeleitwertes angegeben. Das ist dann der „Eigenerwärmungskoeffizient“.

Im Einschaltmoment besitzt der Thermistor seinen Kaltwiderstand. Durch den fließenden Strom heizt sich der Thermistor dann auf. Es stellt sich dann ein Gleichgewicht ein: Einerseits wird der Thermistor vom fließenden Strom aufgeheizt (Wärmekapazität); andererseits gibt der Thermistor die Heizleistung an die Umgebung ab (Wärmeleitwert).

Meistens kann aus den Datenblättern der Widerstand des Thermistors in Abhängigkeit vom fließenden Strom aus einem Diagramm entnommen werden. Allerdings sind diese Diagramme fast ausschließlich für den Betrieb in ruhender Luft mit Zimmertemperatur angegeben. Trotz dieser Einschränkung vereinfachen diese Diagramme die Auswahl enorm, denn der Betriebsstrom des Verbrauchers ist bekannt. Beim Betriebsstrom muss sich (in allen Betriebsfällen) der gewünschte (nicht störende) Widerstandswert einstellen können.

Bei der Auswahl des geeigneten Heißleiter ist der Widerstand der Lampe entscheidend. Glühlampen für den Betrieb an *230 Volt* haben bei gleicher Leistung einen viel größeren ohmschen Widerstand als 12-V-Halogenlampen. Entsprechend werden ganz unterschiedliche Heißleiter benötigt.

2.1 Schutz von 230-V-Glühlampen hoher Leistung

Mit hoher Leistung sind hier Glühlampen ab *100 W* Nennleistung gemeint. Für den Schutz von Glühlampen im Leistungsbereich *100 W* bis *350 W* (auch Gesamtleistung eines Leuchters mit mehreren Glühlampen) ist der Thermistor B57236S0121 der Firma TDK gut geeignet (siehe [2]). Er hat einen Kaltwiderstand von *120 Ω* bei 25 °C und sieht ungefähr so aus wie der im Bild 1 dargestellte Thermistor. Die maximale Verlustleistung dieses Bauteils beträgt *2100 mW*. Für diesen Thermistor kann die folgende Größengleichung angegeben werden:

$$\frac{R_{NTC}}{\Omega} = 13860 \cdot \left(\frac{I}{mA}\right)^{-1,3}$$

Diese Gleichung hat Gültigkeit im Bereich $300\,mA \leq I \leq 1500\,mA$. Sie gilt in unbewegter Luft mit Raumtemperatur und wurde mit Hilfe von [2] erstellt. Im Gerät verbaut herrscht meistens eine höhere Temperatur, so dass der tatsächliche Widerstand kleiner ist als der berechnete. Das allerdings kann nur von Vorteil sein, denn es bedeutet letztendlich: Weniger durch den Thermistor verursachte Verluste.

Der Widerstand der 100-W-Glühlampe ist im Betrieb

$$R_{warm} = \frac{(230V)^2}{100W} \approx 529\Omega$$

Im Einschaltmoment kann man Erfahrungsgemäß den zehnten Teil davon ansetzen. Also $R_{kalt} = 52{,}9\Omega$. Schaltet man nun den obigen angegebenen Thermistor in Reihe zur Glühlampe, dann ist der Einschaltwiderstand um $120\,\Omega$ größer. Der Einschaltstrom reduziert sich von vorher 4,35 A auf nunmehr $1{,}33\,A$. Nach der Aufheizzeit (von einigen Sekunden) beträgt der normale Betriebsstrom der Lampe $435\,mA$. Mit der oben angegebenen Gleichung ergibt sich für den Thermistor ein Widerstand von etwas mehr als $5\,\Omega$. Die Verlustleistung am Thermistor ist dann knapp $1\,W$. Mit dieser Verlustleistung wird der Thermistor im warmen Zustand gehalten.

An dieser Stelle ist es mir wichtig, dem Leser die Angst vor thermischen Verlustleistungen in Innenräumen zu nehmen. In Nordeuropa tragen thermische Verlustleistungen zur gemütlichen, warmen Wohnung bei. Dabei muss man wissen, dass die Heizungen in Nordeuropa alle mit Thermostaten ausgestattet sind. Dies bedeutet: die in der Regel mit fossilen Energieträgern gespeiste Heizung produziert genau die Wärme weniger, die die thermische Verlustleistung der Glühlampen bereitstellt. Gleichzeitig wird thermische Wärme auch mit deutlich weniger CO_2-Gas hergestellt als Wärme aus fossilen Brennstoffen wie Öl, Kohle oder Gas. Immerhin $46\,\%$ der elektrischen Energie wird heute (2020) aus erneuerbaren Energiequellen gewonnen. Darüber hinaus ist es günstig für das Raumklima, wenn die Wärmequellen im Zimmer breit gestreut sind.

Bei geschickter mechanischer Anordnung kann man die Abwärme der Glühlampe selbst verwenden um den Thermistor aufzuheizen. Dann ist die Auswahl des Thermistors deutlich einfacher. Denn dann könnte auch ein zu großer (maximale Verlustleistung) Thermistor verwendet werden, der sich "aus eigener Kraft" nicht ausreichend erwärmen könnte.

Im Bild 4 sieht man eine Anordnung in einer Deckenlampe. Die Abdeckung wurde abgenommen. Bei geschlossener Abdeckung heizt sich der Innenraum der Lampe auf und trägt dazu bei, dass der Widerstandswert der eingesetzten Thermistoren im Betrieb möglichst klein bleibt.

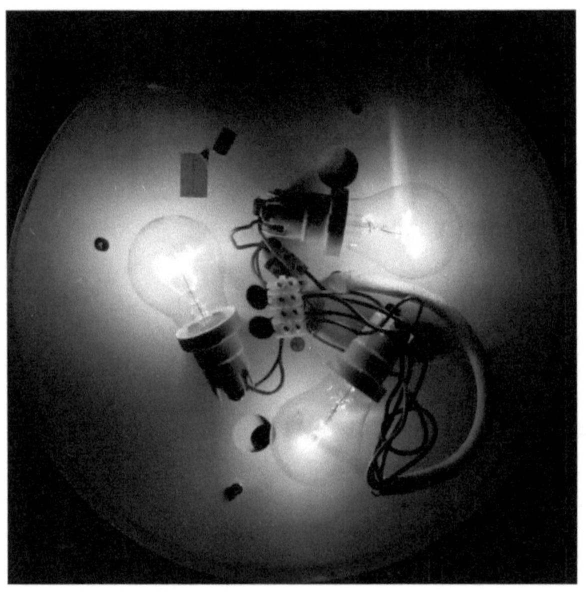

Bild 4: Glühlampen-Anordnung in einer Lampe mit zwei Thermistoren an einer Klemmleiste.

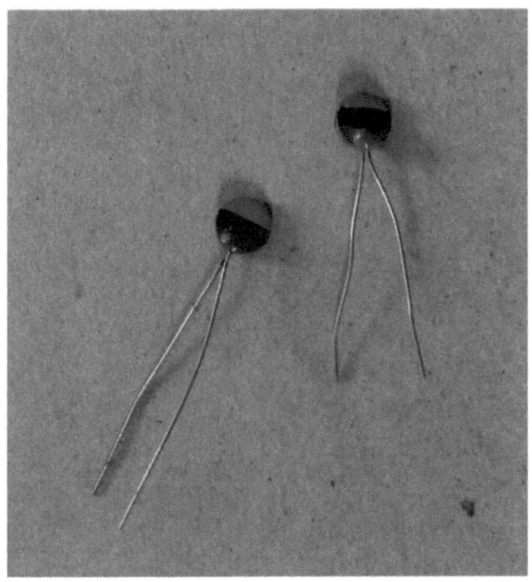

Bild 5: NTC-Widerstände für Mess- und Regelzwecke.

Bei Glühlampen mit niedrigerer Leistung findet man keine Thermistoren die für die Begrenzung des Einschaltstromes ausgelegt sind. Man kann aber Thermistoren verwenden, die eigentlich für Messzwecke gedacht sind zweckentfremden (Bild 5).

Ich habe dies mit Erfolg bei einer 40-W-Halogen-Glühlampe und einem Messheißleiter mit einem Widerstand von *1300 Ω* so umgesetzt. Die so beschaltete Glühlampe geben im Einschaltmoment nicht die volle Lichtleistung ab. Es dauert je nach Heißleiter-Glühlampen-Kombination von einigen hundert Millisekunden bis zu einigen Sekunden.

2.2 Schutz von 230-V-Glühlampen niedriger Leistung

Wendet man das gleiche Verfahren auf 12-V-Halogenlampen an, ist es besonders wichtig, dass der Thermistor nach dem Einschaltvorgang einen möglichst kleinen Widerstand aufweist. Eine 12-V-Halogenlampe mit einer Leistung von *50 W* hat einen Warmwiderstand von knapp *2,9 Ω*. Bei der Wahl des Thermistors ist dies zu beachten. Hier wäre der Thermistor B57236S0509 aus der gleichen Baureihe sinnvoll. Dieser hat einen Kaltwiderstand von *5 Ω*. Beim Nennstrom der Lampe von *4,1 A* beträgt der Widerstand des Thermistors nur noch *0,13 Ω* und stört nicht mehr.

Bei Niedervolt-Halogenlampen ist es allerdings im Idealfall so, dass das vorgeschaltete Versorgungsgerät (Transformator oder elektronisches Vorschaltgerät) die sehr hohen Einschaltströme gar nicht liefern kann. Somit ist eine Einschaltstrombegrenzung bereits vorhanden.

3. Reduzierung der Betriebsspannung

Der Wirkungsgrad von Glüh- und Halogenlampen ist nicht gut. Das ist bekannt. Allerdings ist die Verlustwärme zumindest während der Heizperiode in Europa nicht verloren. Sie unterstützt die Raumheizung. Moderne Raumheizungen haben eine Regelung eingebaut, so dass die von einer *100 W* Glühbirne erzeugt Verlustleistung von vielleicht *90 W* dazu führt, dass die Raumheizung *90 W* weniger Heizleistung aufbringt um die gleiche Raumtemperatur zu erhalten.

Nun ist bekannt, dass die Lebensdauer von Glühlampen mit abnehmender Betriebsspannung exponentiell steigt (siehe Wikipedia). Allerdings sinkt dabei die Helligkeit – und damit der sowieso magere Wirkungsgrad. Eine Reduzierung der Betriebsspannung um *10 %* senkt die Helligkeit um *20 %* aber steigert die Lebenserwartung der Glühlampe auf *400 %*. Somit kann man auf die Idee kommen, die Glühlampe ein wenig unter der Nennspannung zu betreiben.

3.1 Vorwiderstand

Zur Absenkung der Betriebsspannung kann man einen Vorwiderstand in Reihe mit der Glühlampe schalten (Bild 6). Um die Spannung an der Glühlampe um *10 %* zu reduzieren muss am Vorwiderstand eine Spannung von *10 %* der üblichen Betriebsspannung abfallen. Bei einer Glühlampe für Netzbetrieb wären dies *23 V*.

Angenommen eine 60-W-Glühbirne soll mit reduzierter Spannung betrieben werden. Der Warmwiderstand der Lampe ist

$$R = \frac{(230V)^2}{60W} \approx 882\Omega$$

Soll die Lampe nun mit einer Spannung von

$$230V - 23V = 207V$$

betrieben werden, dann fließt ein Strom von

$$I = \frac{207V}{882\Omega} \approx 235mA$$

und der Vorwiderstand muss einen Wert von

$$R = \frac{23V}{235mA} \approx 100\Omega$$

aufweisen. Dieser Widerstand muss für eine Leistung von

$$P = \frac{(23V)^2}{100\Omega} \approx 5{,}3W$$

ausgelegt sein. Diese Rechnung ist leicht fehlerhaft, weil der Widerstand der Lampe tatsächlich etwas kleiner als berechnet ist, denn auch die Temperatur der Wendel liegt etwas unterhalb der normalen Betriebstemperatur. Details zur Kennlinie von Glühlampen findet man in [1] und [3].

Bei manchen Vorschaltgeräten für Niedervolt-Halogenlampen (12-V-Halogenlampen) kann man die Ausgangsspannung etwas niedriger einstellen. Ein Vorwiderstand zur Senkung der Ausgangsspannung erübrigt sich dann.

Werden Niedervolt-Halogenlampen über einen Transformator betrieben, kann man den Vorwiderstand auch in Reihe mit der Primärwicklung schalten. Dies reduziert dann zusätzlich auch den Einschalt-Strompuls beim Transformator.

Dieses Konzept, der etwas gesenkten Betriebsspannung, haben wir hier im Institut an der RWTH bei kleinen 6-V-Signallämpchen angewandt, die zugleich als Wärmequellen für Sensoren dienen. Die Lämpchen werden mit 5 V betrieben. Sie werden häufig ein- und ausgeschaltet. Allerdings mit einem "Sanftanlauf" bei dem die Spannung innerhalb *800 ms* langsam auf *5 V* erhöht wird. Die Lebensdauer der Lämpchen ist vom Hersteller mit 1000 Stunden angegeben. Tatsächlich funktionieren die Lämpchen nun seit 6 Jahren im intermittierenden Dauerbetrieb tadellos.

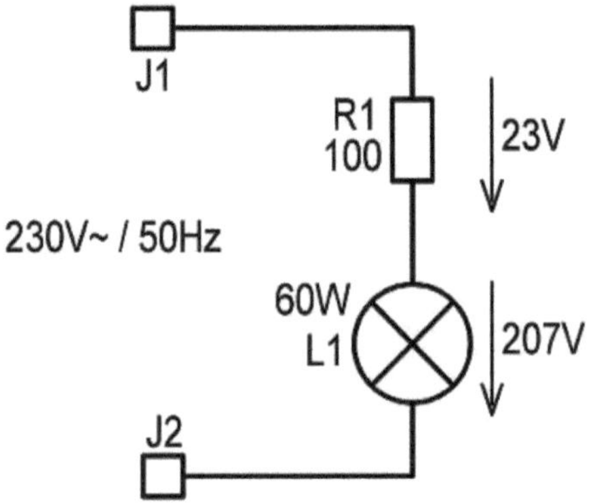

Bild 6: Reduzierung der Lampenspannung mit Hilfe eines Vorwiderstandes.

3.2 Reihenschaltung

Bei Lampen mit zwei Fassungen bietet es sich an die Glühlampen in Reihe zu schalten (Bild 7). Schaltet man zwei Glühlampen gleicher Leistung in Reihe, so wird in jeder Lampe nur noch ein Viertel der

Nennleistung umgesetzt. Um *100 W* Lampenleistung zu erhalten müssen somit 2 Stück 200-W-Lampen in Reihe geschaltet werden. Jede der beiden 200-W-Glühlampen setzt dann noch 50 W elektrischer Leistung um. Die beiden Lampen insgesamt also *100 W*. Auch hier stimmt die Rechnung nicht genau, denn da die Wendeln der Glühlampen weniger heiß werden ist auch deren Widerstand geringer als im Nennbetrieb. Die Spannung halbiert sich zwar für jede Lampe, der Strom ist aber höher als bei einer 100-W-Glühlampe.

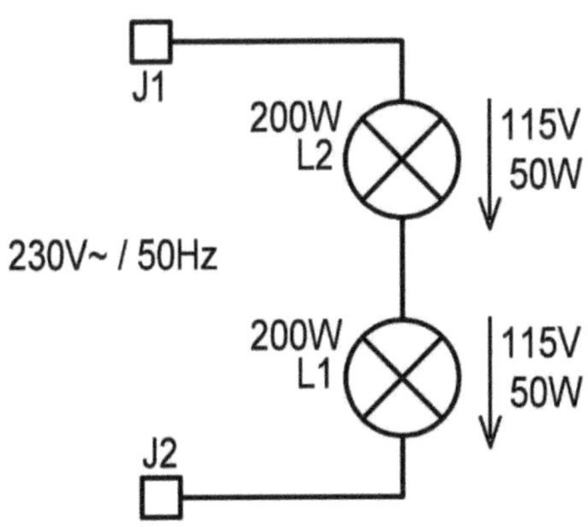

Bild 7: Zwei Glühlampen in Reihenschaltung.

So betriebene Glühlampen werden bedeutend länger halten als die üblichen vom Hersteller angegebenen 1000 oder 2000 Stunden. Eventuell halten sie Jahrzehnte lang.

Allerdings ist diese Anordnung für Halogenlampen nicht so gut geeignet. Halogenlampen sind mit einem Halogengas gefüllt. Dieses Gas verhindert, dass sich Wolframatome von der Glühwendel auf den Glaskörper ablagern. Dieser Mechanismus setzt allerdings hohe Temperaturen voraus. In der beschriebenen Reihenschaltung ist die Wendeltemperatur aber deutlich geringer als im Normalfall.

Als Konsequenz wird die Lichtausbeute über die Jahre etwas abnehmen.

Abgesehen davon kann man die beschriebenen Verfahren natürlich auch bei 12-V-Halogenlampen anwenden.

4. Fazit

Den Beschluss, Glühlampen in Europa zu verbieten kann der normale Bürger nicht ändern. Allerdings gibt es für den Elektrotechniker durchaus Möglichkeiten die vorhandenen Glühlampen möglichst lange nutzen zu können.

Literatur

[1] F.P. Zantis "Gerade und Parabel in der Praxis" Zeitschrift Elrad 1989, Heft 9 ab Seite 70

[2] TDK "NTC thermistors for inrush current limiting" Series/Type: B57236S0***MO** EPCOS AG, November 2015

[3] F.P. Zantis "Bestimmte Integrale" Zeitschrift Elrad 1992, Heft 8 ab Seite 84